AF643428

Sitzungsberichte
der Heidelberger Akademie der Wissenschaften
Stiftung Heinrich Lanz

Mathematisch-naturwissenschaftliche Klasse

Jahrgang 1928. 1. Abhandlung.

Einige Bemerkungen zur Darstellung tektonischer Elemente, insbesonders von Klüften und Harnischen

Von

L. Rüger
in Heidelberg

(Mit 9 Abbildungen im Text)

Vorgelegt in der Sitzung vom 19. November 1927
von Herrn Salomon-Calvi

Berlin und Leipzig 1928
Walter de Gruyter & Co.
vormals G. J. Göschen'sche Verlagshandlung / J. Guttentag, Verlagsbuchhandlung / Georg Reimer / Karl J. Trübner / Veit & Comp.

Einige Bemerkungen zur Darstellung tektonischer Elemente, insbesonders von Klüften und Harnischen.

Vorbemerkung: Im Sommer 1926 hatte ich Gelegenheit, in Innsbruck unter der Leitung von Herrn Prof. SANDER arbeiten zu dürfen, und damit die Möglichkeit, durch ihn selbst in seine Arbeitsmethoden eingeführt zu werden. Es sei mir an dieser Stelle gestattet, für das außerordentlich freundliche Entgegenkommen, dessen ich mich erfreuen durfte, Herrn Prof. SANDER meinen verbindlichsten Dank auszusprechen, zugleich aber auch mit Dankbarkeit der vielen Unterstützung zu gedenken, welche ich durch seinen Assistenten, Herrn Dr. SCHMIDEGG erhielt. — Im Verlaufe vieler Gespräche über tektonische Fragen stand mehrfach auch die Frage der Zusammenhänge zwischen Klüften und Kleingefüge im Vordergrund und damit auch die Frage nach einer zweckmäßigen Darstellung der Klüfte, um vergleichbare Bilder hiervon und der Gefügeregelung zu erhalten. Hierbei äußerte Herr SANDER den Vorschlag, die durch W. SCHMIDT für die Gefügeregelung verwendete Darstellung sinngemäß auf die Kluftdarstellung zu übertragen. Kurz darauf — im Oktober — erschien eine weitere Arbeit von W. SCHMIDT (1926 S. 409), in welcher er ebenfalls auf die Zweckmäßigkeit der im nachfolgenden beschriebenen Darstellungsweise für Klüfte hinweist. Sie beruht, wie gesagt, auf der gleichen Darstellung wie sie auch in der Gefügestatistik verwendet wird.

Es braucht nicht weiter betont zu werden, daß die gegenseitigen Beziehungen tektonischer Elemente räumlicher Art sind. Bei den Klüften sind es drei Dinge, deren Kenntnis für die mechanische Deutung (und diese ist das Ziel) von unbedingter Notwendigkeit ist: Streichen und Fallen (und damit die räumliche Lage), aber außerdem die Anzahl. Eine Darstellung muß daher mindestens diese drei Dinge so bringen, daß sie mit einem Schlage zu überblicken sind. Dazu kommt aber noch anderes: Harnischstreifen, Streckung, Schieferung usw. Ergibt sich die Notwendigkeit ihrer Darstellung, so muß sie sich ebenfalls zwanglos in das gleiche Bild einfügen lassen.

Daß die meist übliche Darstellung von Klüften in Form der Kluftrosen (Kluftsterne) dieser Forderung nicht nachkommt, dürfte allgemein zugegeben werden. Das Hauptgewicht wird hierbei nur auf das Streichen und die Anzahl der in einer Richtung streichenden Klüfte gelegt. Das Fallen wird zumeist nicht berücksichtigt. Viel besser wird die Sachlage nicht dadurch, daß man getrennte Darstellungen von steilen und flachen Klüften vornimmt und hierzu ganz willkürlich eine Grenze setzt. Bisweilen wird auch durch besondere Signatur der Fallbetrag im Streichstrahl zur Darstellung gebracht. Aber der Übersichtlichkeit halber wird man gezwungen sein, die Grenzen der Fallbeträge nicht zu eng zu fassen. Die Fallrichtung ist zeichnerisch in einer Kluftrose kaum anzugeben, ohne daß zugleich jede Übersichtlichkeit aufgegeben wird; man kann sich höchstens damit behelfen, durch Buchstaben oder Zahlen Texthinweise zu machen. Schließlich bleibt nur noch der Weg, das Streichen und Fallen in verschiedenen Darstellungen aufzulösen und es dem Leser zu überlassen, sich aus solchen Einzelbildern die räumlichen Beziehungen herauszustellen. Kurz und gut: wie man die Kluftrose auch im einzelnen behandeln will, stets werden sich empfindliche Mängel und Fehler ergeben. Selbstverständlich kann die eine oder andere Schwierigkeit durch die Güte des Beobachtungsmaterials ausfallen — aber dies sind Ausnahmen, mit welchen zunächst nicht gerechnet werden darf. Nie wird daher eine Kluftrose ein Bild von der räumlichen Verteilung der Klüfte geben, und sie ist daher als Forschungsmittel ungeeignet. Ich schließe mich damit nur einer schon mehrfach ausgesprochenen Feststellung an (zuletzt v. Bubnoff 1926 S. 10).

Zur Darstellung der räumlichen Beziehungen kommt in erster Linie die übliche Kugelprojektion in Betracht. Hier war es zuerst J. Blaas, dem das Verdienst zukommt, zuerst die stereographische Projektion für tektonische Zwecke herangezogen zu haben (1896a, 1896b, 1904). Dieser Vorschlag blieb allerdings gänzlich unbeachtet, kaum daß er überhaupt erwähnt wurde, was vielleicht daran lag, daß die etwas umständliche Berechnung vor der Anwendung abschreckte. Aber die Priorität kommt J. Blaas völlig zu, was von den späteren Autoren vielfach nicht genügend hervorgehoben wurde. Erst mit der Einführung des Wulffschen Netzes wurde die Anwendung für die vorliegenden Zwecke handlicher, was Seitz (1914) an einer Reihe von Beispielen anschaulich zeigte (siehe ferner Seitz 1924).

Der Vollständigkeit halber sei noch an einen Versuch von Spitz (1913) erinnert, welcher mittels einer Kegelprojektion Kluftdarstellungen versuchte. Da es bei der von ihm vorgeschlagenen Art nicht möglich ist, gleichzeitig flache und steile Klüfte zur Darstellung zu bringen, fand dieser Vorschlag keinen weiteren Anklang.

Immer mehr wurde erkannt, daß Klüfte und Harnische nicht als Einzelindividuen betrachtet und bewertet werden dürfen, sondern daß auch ihre quantitative Erfassung für die zur Frage stehenden Probleme von größter Bedeutung ist. Auf diesen Gesichtspunkt nachdrücklich hingewiesen zu haben, ist das Verdienst von SALOMON (1911). In neuerer Zeit war es dann vor allem auch CLOOS, welcher nicht zum geringsten auch der quantitativen Seite großen Wert beilegt. Daß bei einer mechanischen Deutung dies keinesfalls vernachlässigt werden darf, ist selbstverständlich; und lediglich das Einzelobjekt zur Grundlage einer „Mechanik von Brüchen und Verwerfungen" (WAAGEN 1926) machen zu wollen, erscheint nicht angängig.

Bei all dem handelt es sich um die Bewältigung eines sehr großen Beobachtungsmaterials, was auch in dieser Hinsicht bei einer Darstellung zur Geltung kommen muß. Dem kommt auch die von SEITZ in Vorschlag gebrachte Darstellung noch nicht genügend nach. Man erkennt wohl annähernd die maximale Verteilung eines Elementes (Kluft oder Harnisch), doch wird durch die Art der Ausführung die Darstellung eines großen Materiales fast unmöglich, da noch zu viele Signaturen verwendet werden (Kreise, Striche, Pfeile). Ganz ohne Zweifel wird damit alles von einer Kluft dargestellt, was darzustellen ist — aber in der Menge geht dies auf Kosten der Übersichtlichkeit.

Soweit die bisherige Verwendung der Kugelprojektion für tektonische Zwecke. Anknüpfend an das zuletzt Gesagte über die Ausdrucksmöglichkeit der Häufigkeit, welche nicht nur relativ, sondern innerhalb gewisser Grenzen auch absolut (ausgedrückt in $^0/_0$ oder $^0/_{00}$) anzugeben wünschenswert ist, erhebt sich die Frage, ob die winkeltreue Azimutalprojektion überhaupt für den Zweck geeignet ist. Diese Frage erfuhr schon durch W. SCHMIDT (1925, 1926) ihre Beantwortung, welche auch für den vorliegenden Fall gilt. Zur Erfassung der Belegungsdichte ist es notwendig, statt der winkeltreuen Azimutalprojektion die flächentreue Azimutalprojektion zu verwenden.

Unter Verweis auf die Darlegungen W. SCHMIDTS (1925, 1926) seien zunächst über die Grundlagen der Darstellung einige kurze Angaben gemacht. Verwendet wird also die flächentreue Azimutalprojektion, wobei man sich den Sehpunkt in den Zenith gelegt denkt. Darauf ist zu achten, sobald man Normalen von Flächen darstellt. Der Projektionsort einer Flächennormalen liegt gerade entgegengesetzt dem Flächenfallen. Doch hat man sich damit rasch vertraut gemacht. Man könnte ebensogut den Sehpunkt in den Nadir legen: der Projektionspunkt der Flächennormale fiele gleichsinnig gerichtet in die Fallrichtung der Fläche. Man erhält also im ersten Falle ein gegengleiches Bild. In Anlehnung an die Gefügedarstellung wurde aber die erstgenannte Lage des Sehpunktes beibehalten. Der Radius der Lagenkugel ist zu 10 cm angenommen, denselben Radius besitzt also auch das zu dieser Bezugskugel gehörige transversale Gradnetz (Abb. 1). Die Normierung des Netzes zum Zwecke der Kluftdarstellung erfolgt azimutal:

S (0°) — — E (90°) — — N (180°), wobei die Lage der Himmelsrichtungen die übliche ist (N oben, E rechts, W links). Zweckmäßig nimmt man die Kompaßablesung von N über E nach S vor (von 0 bis 180), also z. B. Streichen 40° = N 40 E oder Streichen 150° = N 30 W. Die Eintragung des Kluftfalles bzw. der Kluftnormalen erfolgt stets auf der E—W Trace des Netzes, welche hierfür wie folgt geteilt wird:

W (90) — 80 — 70 — . . . Mittelpunkt (0) — 10 — 20 — . . . 90 (E).

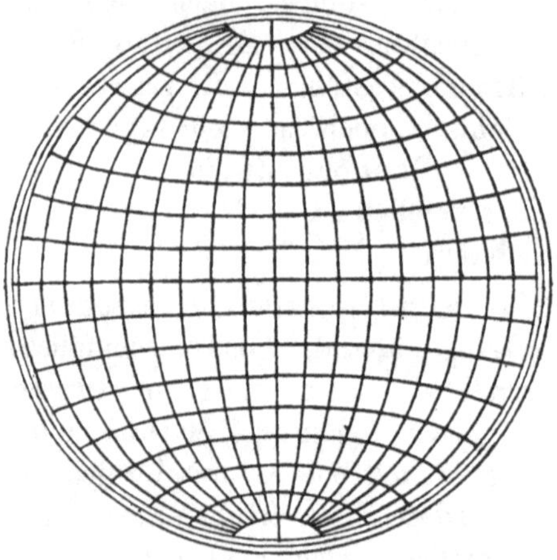

Abb. 1.

Handelt es sich um das Fallen eines Harnischstreifens, so liegt der Projektionsort des Streifens ohnehin in der richtigen Richtung. Dazu wird sowohl die E—W als die N—S Trace des Netzes verwendet, welche folgende Teilungen erhalten:

W (0) — 10 — 20 — . . . Mittelpunkt (90) — 80 — 70 — . . . 0 (E)
beziehungsweise
N (0) — 10 — 20 — . . . Mittelpunkt (90) — 80 — 70 — . . . 0 (S)

Also dies letzte gerade umgekehrt gezählt wie für die Darstellung des Kluftfallens. Für die Auftragung ist das Netz als feststehend zu betrachten, während das Oleat gedreht wird. Hat man also z. B. eine Kluft, welche N—S streicht und mit dem Betrag α gegen W fällt, so erscheint der Fallwinkel wieder als solcher, den die Normale mit dem Lot einschließt. D. h. also: in der Projektion kann man den Fallwinkel der Kluft direkt verwenden, man muß ihn nur vom Mittelpunkt aus gegen die betr. Richtung (in diesem Falle gegen E) abtragen. Ist die Fläche horizontal, so liegt der Projektionsort der Normalen im Netzmittelpunkt; Normale und Lot fallen zusammen $\alpha = 0$. Steht die Fläche saiger, so liegt der Projektionsort ihrer Normalen in 90° Abstand vom Mittelpunkt des Netzes, also auf dem Äquator (wobei er in W oder E — bezogen auf das Gradnetz — eingetragen werden kann). Also: je steiler die Kluft, desto mehr rückt der Projektionsort ihrer Normalen randlich.

Zur Ausführung der Eintragung geht man in folgender Weise vor: Man versieht zunächst das Oleat mit vier Signalen gemäß den vier

Haupthimmelsrichtungen und das Südsignal besonders (etwa mit einem Pfeil wie in Abb. 2), da die Ablesung für die Abtragung von S über E nach N erfolgt (man könnte natürlich auch umgekehrt vorgehen, man muß dabei nur auf das Vertauschen von E und W achten). Dies wäre also die Ausgangsstellung, wie sie in Abb. 2 dargestellt ist. In dieser und den folgenden Figuren ist der größere Kreis der Umriß des Oleats, der kleinere der Grundkreis des Netzes mit der Normierung, welche durchschimmert (Zahlen und Linien daher gestrichelt). Als Beispiel sei eine Kluft gewählt, welche 45° streicht und mit 60° gegen NW fällt. Man dreht das Oleat, bis der Pfeil des Südsignals auf 45° steht (Abb. 3). Nun ist stets zu beachten, was ja selbstverständlich ist, daß zur Abtragung der Fallrichtungen die Bezugsrichtungen (Himmelsrichtungen) des Oleates gelten; auf ihm wurden die Himmelsrichtungen auch angegeben. Die Kluft fällt mit 60° NW d. h. der Projektionsort ihrer Normalen liegt im entgegengesetzten SW-Quadranten (auf dem Oleat). Wie Abb. 3 zeigt, fällt in diesem Quadranten die rechte Hälfte der EW-Trace des Netzes mit der angegebenen Normierung (Mittelpunkt 0, Grundkreis 90) zusammen. Man trägt also vom Mittelpunkt ausgehend 60° nach rechts ab und erhält den Punkt a, welcher den Projektionsort der Kluft bzw. ihrer Normalen darstellt. Man kann sich nun leicht von der Richtigkeit der Auftragung überzeugen: orientiert man das Oleat in Normalstellung (N oben, S unten usw.) und verbindet den Punkt a mit dem Mittelpunkt des Netzes, errichtet hier eine Normale, so gibt diese

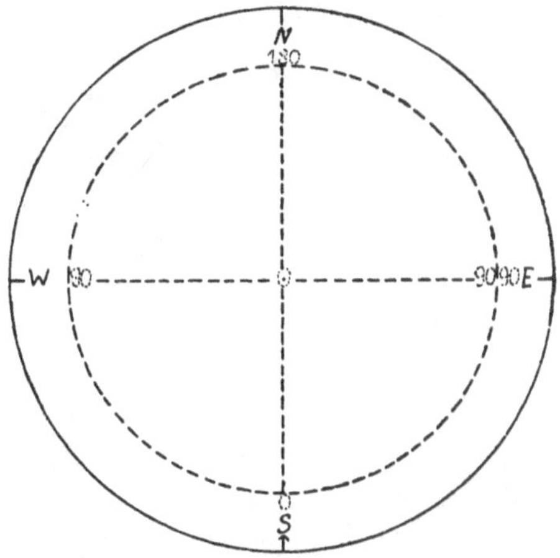

Abb. 2.

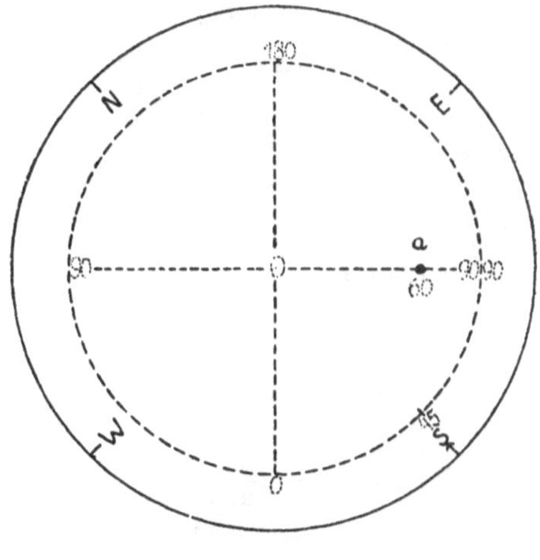

Abb. 3.

das Streichen an (von N gegen E 45°), also in richtiger geographischer Orientierung.

Ein anderes Beispiel: die Kluft streiche 150° und falle mit 30° gegen SW. Das Südsignal wird soweit gedreht, daß es auf 150° steht (Abb. 4). Der Projektionsort der Normalen liegt dann im NE-Quadranten (Punkt a). Bei gleichem Streichen soll die Kluft saiger stehen: der Projektionsort ihrer Normalen liegt nun auf dem Grundkreis des Netzes und kann bei b oder b′ eingetragen werden, je nachdem Platz ist. Man wird vielleicht im ersten Augenblick glauben, daß man, wenn man etwa viele Punkte gleicher Art stets nur auf die eine Seite aufträgt, ein falsches Bild von der Verteilung erhält. Dies ist aber wie später gezeigt wird, durchaus nicht der Fall.

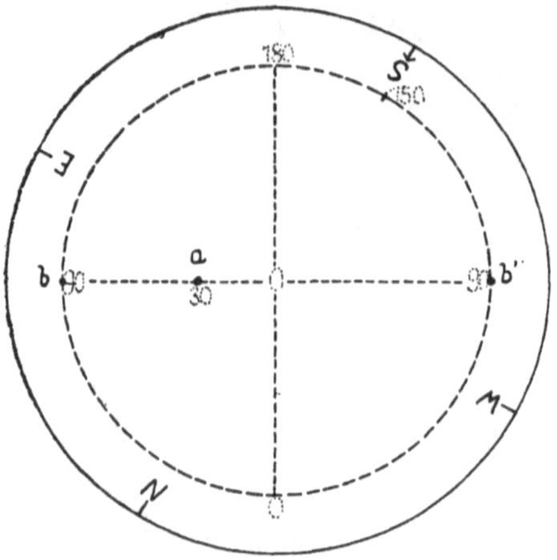

Abb. 4.

Nun die Darstellung der Harnischstreifen. Ihre Festlegung in der Natur erfolgt durch Messung des Fallwinkels, der Fallrichtung und der Horizontalprojektion (Streichen). Der Projektionsort eines horizontalen Harnischstreifens fällt also auf den Grundkreis des Netzes, der eines senkrechten in den Mittelpunkt. Daher erhält das Netz zur Auftragung der Harnischstreifen eine andere Normierung: auf den vier Haupttracen des Netzes wird, vom Grundkreis (0) ausgehend, bis 90° nach dem Mittelpunkt gezählt. Die Spur der Kluft auf der Kugeloberfläche stellt sich aber als der Ort der Kugeldurchstichspunkte sämtlicher auf der Kluftwand verlaufenden Harnischstreifen dar. D. h. also, daß der Kluftpunkt (durch die Normale ausgedrückt) in der Projektion den Pol zu einem in 90° abstehenden Groß-

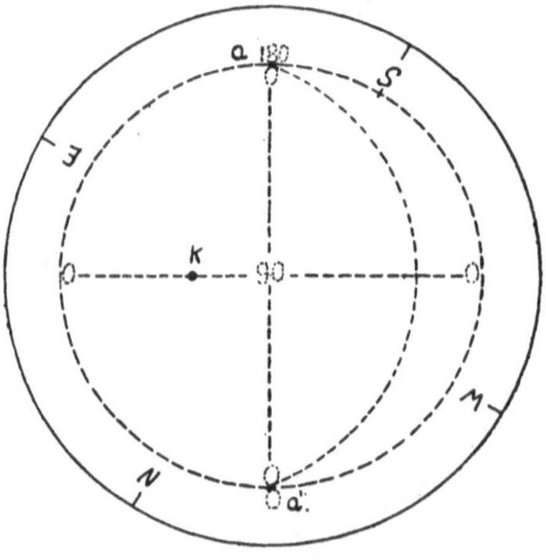

Abb. 5.

kreis darstellt, auf welchem alle Projektionsorte der auf dieser Kluft liegenden Harnische liegen. Dadurch läßt sich umgekehrt wieder eine Rückkontrolle der Messung ermöglichen.

Als Beispiel sei folgender Fall gewählt: die Messung ergab eine Kluft mit 150° Streichen und 30° SW Fallen (Projektionspunkt k in Abb. 5). Auf dieser Kluft sind horizontale Harnischstreifen, d. h. ihre Horizontalprojektion beträgt ebenfalls 150°. Fallwinkel also 0°. Ihr Projektionsort muß also bei a oder a′ eingetragen werden (Abb. 5). Auf der gleichen Kluft (Kluft Projektionspunkt k in Abb. 6) wurden Harnische mit 60° Horizontalprojektion gemessen, d. h. also sie verlaufen in der Fallrichtung (SW), ihr Fallbetrag ist also gleich dem der Kluft (30°). Die Auftragung geschieht wie folgt: der Betrag der Horizontalprojektion (das Streichen) wie bei einer Kluft — also hier Südsignal auf 60°. Der Projektionsort eines Harnisches fällt aber in die Richtung, welche gemessen wurde (also richtig auftragen, nicht umgekehrt wie bei den Kluftnormalen). Im vorliegenden Fall fällt der Harnisch gegen SW. Man sucht also die Haupttrace des Netzes, welche in den SW-Quadranten des Oleates fällt: es ist in unserem Fall die untere Hälfte der vertikalen Trace. Auf dieser wird vom Grundkreis ausgehend nach dem Mittelpunkt 30° abgezählt, man erhält den Punkt b als den Projektionsort. Um sich zu überzeugen, ob Auftragung und Messung richtig sind, dreht man das Oleat, bis die Projektionsorte des Harnisches und der Kluft auf einem Großkreis liegen, der Abstand muß dann 90° betragen.

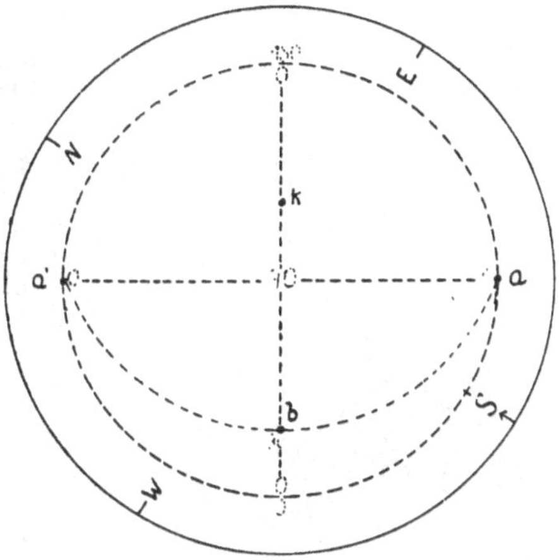

Abb. 6.

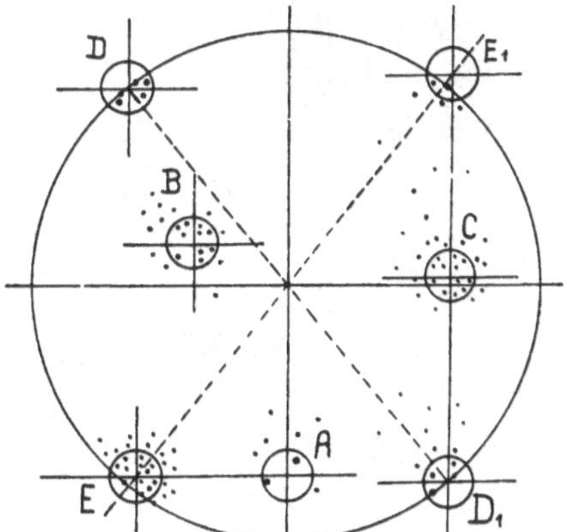

Abb. 7.

Man sieht weiter, daß die beiden Harnischpunkte a und b auf einem Großkreis liegen, dessen Pol der Kluftpunkt ist. Auf diesem Großkreis liegen nun die Projektionsorte sämtlicher auf der Kluft k verlaufenden Harnische. Ohne weiteres ergibt sich daraus folgendes: bisweilen ist es bei sehr steilen

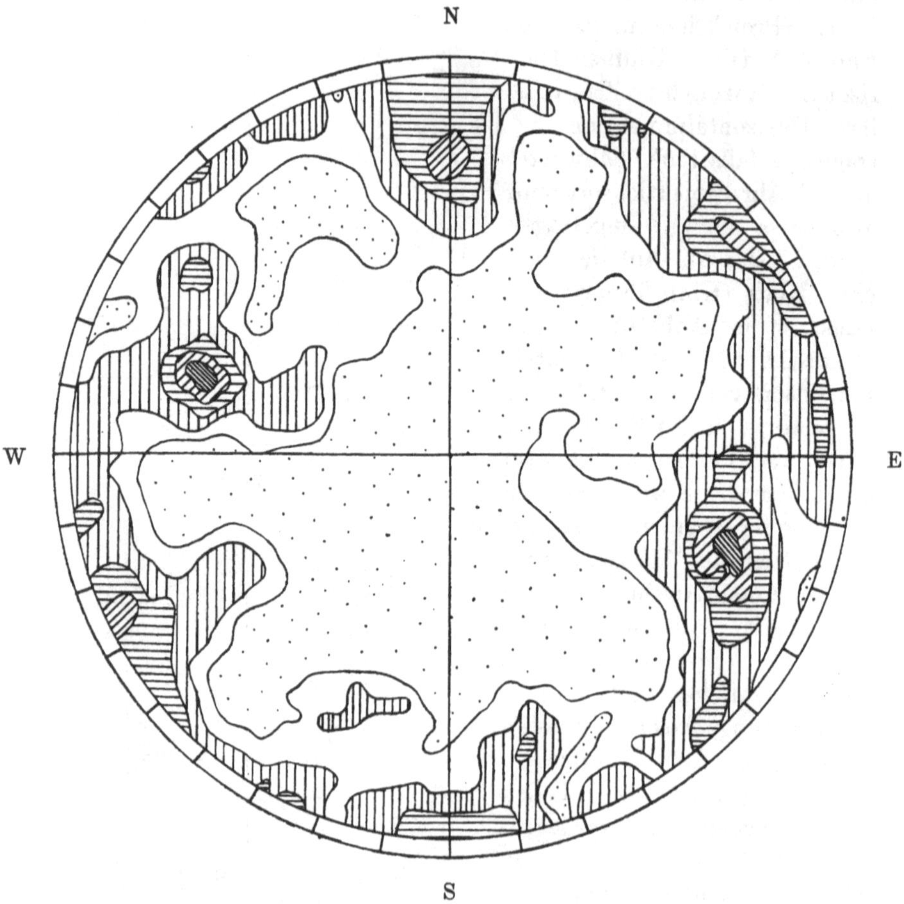

Abb. 8.

oder überhängenden Kluftwänden nicht möglich, die Harnischstreifen zu messen, wohl aber kann stets das Fallen und die ungefähre Fallrichtung angegeben werden. Mit diesen zwei Angaben und dem Projektionsort der zugehörigen Kluftwand läßt sich ohne weiteres die Horizontalprojektion auf dem Netz ermitteln (siehe dazu noch weiter die Beispiele bei Seitz 1917).

Soweit das Auftragen der Klüfte und Harnische. Es handelt sich nun um die weitere Ausarbeitung der Ergebnisse. Man hat auf die angegebene Weise eine Reihe von Klüften dargestellt, etwa 560, wie dies den Abb. 8, 9 zugrunde gelegt ist.

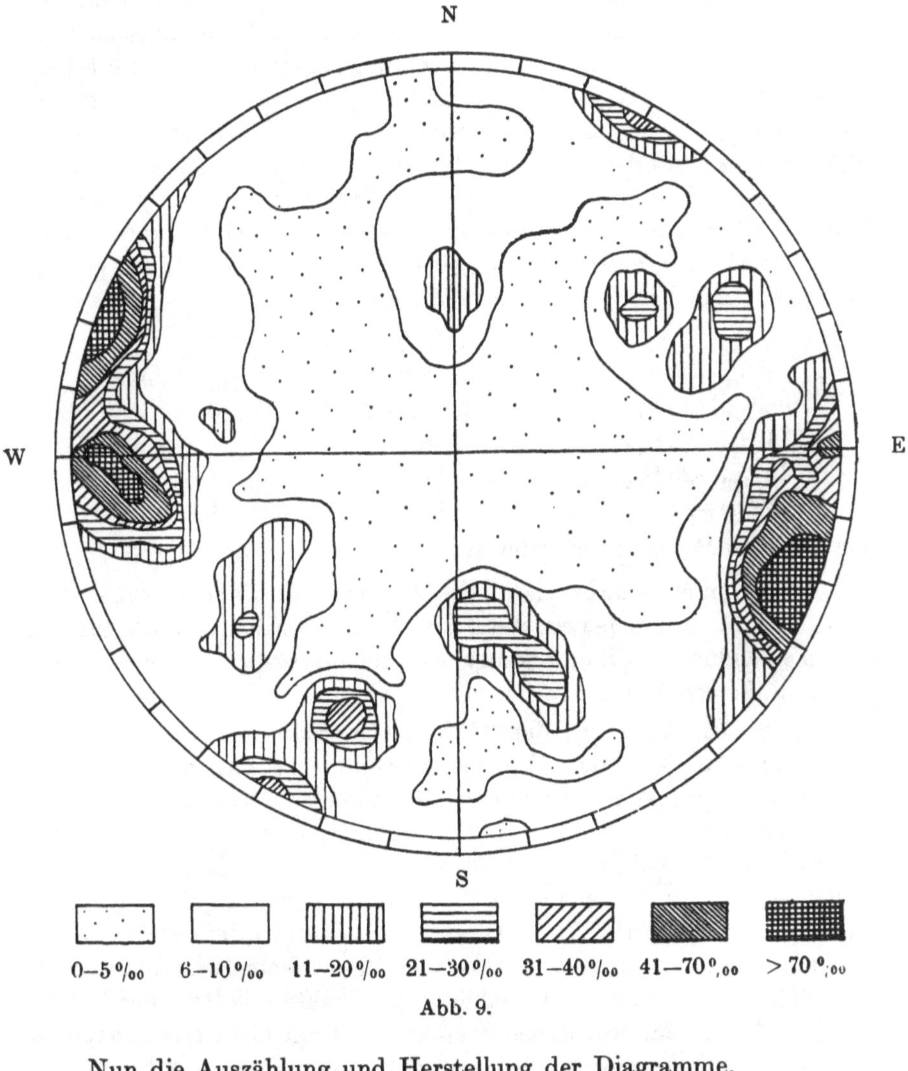

Abb. 9.

Nun die Auszählung und Herstellung der Diagramme.

Der Halbmesser der Bezugskugel betrug 10 cm, die Oberfläche der Halbkugel also 628 qcm und die Fläche des zugehörigen transversalen Gradnetzes 314 qcm. Ein Prozent dieser Fläche beträgt also 3,14 qcm, was einem Kreis von r = 1 cm entspricht. Einen solchen Kreis zeichnet man auf einem Objektträger auf, er ist für die Auszählung notwendig.

Gesetzt nun folgenden Fall: Auf der zur Projektion gelangenden Halbkugeloberfläche mit 628 qcm liegen 1000 Durchstichspunkte von Flächennormalen (oder Harnischen). Auf dem transversalen Gradnetz von 314 qcm liegt natürlich die gleiche Zahl von Projektionspunkten. Lägen diese völlig regellos verteilt, so würden auf ein Prozent der Flächeneinheit 10 Punkte, d. h. 10 ‰ entfallen. Dies wäre also die regellose Verteilung; entfallen auf die Flächeneinheit weniger Punkte, so ist dieses Flächenstück unterbesetzt, entfallen mehr darauf, dann überbesetzt. Nun sei der Fall angenommen, wie er der Projektion in Abb. 8 zugrunde liegt. Hier sind 560 Kluftmessungen enthalten. Man stellt zunächst eine kleine Tabelle auf, in welcher angegeben wird, wieviel Klüfte auf je 5 ‰ (= ½ %) entfallen (1 ‰ = 0,56 Punkte).

0 ‰	0 Punkte	
1 ‰— 5 ‰	2,8 ,,	3 Punkte
6 ‰—10 ‰	5,6 ,,	6 ,,
11 ‰—15 ‰	8,4 ,,	8 ,,
16 ‰—20 ‰	11,2 ,,	11 ,,
21 ‰—25 ‰	14,0 ,,	14 ,,

usw. je nach Bedarf. Auf- oder abrunden.

Nun kann man natürlich die Staffelgrenzen auch anders legen. Man wird sie z. B. weiter fassen, wenn die Flächendichte sehr hoch ansteigt und man dadurch im Raum beengt wird, im entgegengesetzten Fall auch enger (z. B. von 5 zu 5).

Nach dem Auftragen der Kluftpunkte erhält man also das Oleat mit zahlreichen Punkten, also im angenommenen Fall mit 560. Auf dieses Oleat legt man nun ein zweites Oleat, welches mit einem Millimeternetz versehen ist, und zwar so, daß der Schnittpunkt zweier Koordinaten — man wählt dabei die dick ausgezeichneten Koordinaten in 1 cm Abstand — auf den Mittelpunkt des Oleats mit den Projektionspunkten zu liegen kommt. Auf das neue Oleat werden dann wieder der Grundkreis mit r = 10 cm abgetragen und die vier Haupthimmelsrichtungen markiert. Nun geht es an die Auszählung der Punkte mit Hilfe des Kreises von r = 1 cm. Man legt diesen Kleinkreis auf irgendeinen Schnittpunkt zweier Koordinaten — etwa bei A in Fig. 7 — und sieht, daß nun zwei Punkte hineinfallen. Ein Blick auf die Tabelle zeigt, daß also auf dieser Fläche die Belegungsdichte zwischen 1 und 5 ‰ beträgt. Man trägt dann auf den Punkt, wo der Mittelpunkt des Kreises lag, die Zahl 5 (‰) auf, also die obere Grenze der betr. Staffel. Bei B in Fig. 7 zählt man 10

Punkte, dies entspricht einer Belegungsdichte von 16—20 ‰, der Punkt erhält also die Bezifferung 20 (‰). Bei C sollen es 12 Punkte sein, Belegungsdichte also 21—25 ‰, Bezifferung also 25 ‰. So wird das ganze Netz durchgezählt, wobei man natürlich die Abstände der Punkte, welche als Mittelpunkt der Flächeneinheit genommen werden, ganz beliebig wählen kann. Sieht man z. B., daß zwischen zwei Stellen ein sehr großer Sprung in der Belegungsdichte vorliegt, so wird man zwischen diesen so viele Auszählungen vornehmen, bis die Belegungsveränderung genügend eindeutig ist.

Bisher lagen nur solche Beispiele vor, wo die Fläche des kleinen Hilfskreises völlig auf die Grundkreisfläche fiel. Nun handelt es sich um die randlichen Teile. Die Projektionsorte senkrechtstehender Klüfte fielen bekanntlich auf den Grundkreis und es wurde gesagt, daß man sie je nach Platz auf die eine oder andere Seite eintragen dürfe, ohne ein falsches Bild von der Verteilung zu bekommen. So sei ein Punkt bei D genommen, der auf den Grundkreis fällt. Zweckmäßig legt man den Kleinkreis so an, daß sein Mittelpunkt auf einen Schnittpunkt zwischen Grundkreis und einer horizontalen oder vertikalen Linie des Netzes zu liegen kommt. An dieser Stelle werden nun 5 Punkte gezählt. Nun liegen doch die diametralen Durchstichspunkte dieser Normalen auf der oberen Halbkugel, d. h. ihr Projektionsort liegt außerhalb des Grundkreises bei D_1 aber in dem Raum der von dem Kleinkreis außerhalb des Grundkreises eingenommen wird. Es ergänzen sich also diese beiden Kleinkreisabschnitte bei D (außerhalb des Grundkreises) und D_1 (außerhalb des Grundkreises) hinsichtlich der Belegungszahl (und natürlich umgekehrt). Um also auf der Peripherie zu messen, muß man stets die gegenüberliegende Stelle mit auszählen. Im vorliegenden Falle zählt man nun bei D_1 4 Punkte, also bei D und D_1 zusammen 9 Punkte, dies entspricht also einer Belegungsdichte von 16—20 ‰. Somit erhalten die Punkte bei D und D_1 die Belegungszahl 20.

Sinngemäß gilt diese Überlegung auch an jeder anderen Stelle, wo die Kleinkreisfläche nur teilweise auf die Großkreisfläche fällt. So sei der Kleinkreis bei E aufgelegt und es werden hier 12 Punkte gezählt. Ein kleiner Abschnitt des Kreises fällt außerhalb des Großkreises. Man muß nun nach der gegenüberliegenden Seite gehen (E_1). Um hier das entsprechende Flächenverhältnis (inner- und außerhalb des Großkreises) herzustellen, muß man den Kleinkreis so anlegen, daß der Abstand seines Mittelpunktes vom Großkreis außerhalb des letzteren gleich dem bei E innerhalb war (abgetragen auf dem sich dabei ergebenden Grundkreisdurchmesser). Bei E_1 zählt man nun 2 Punkte, bei E und E_1 also zusammen 14 Punkte. Somit erhält der Punkt bei E als Staffelzahl 25.

Auf diese Weise belegt man also das gesamte Netz mit seinen randlichen Teilen mit einer großen Zahl von Angaben über die Belegungsdichte. Stellen gleicher Belegungsdichte werden durch Kurven verbunden. Man wird beim Zeichnen dieser Kurven dann gewöhnlich merken, daß man noch eine Reihe Auszählungen zur genaueren Fixierung des Kurvenverlaufes vornehmen muß, so daß man also bis zur völligen Herstellung der Kurven die beiden Oleate aufgespannt läßt.

Ist dies fertig, so paust man von dem Oleat die Kurven auf ein Zeichenpapier und zeichnet diese für die Reinzeichnung aus. Die verschiedenen Belegungsdichten werden dann mit verschiedenen Signaturen angegeben und man erhält nun als fertige Kluftprojektion ein Bild, wie es die Abb. 8 und 9 darstellen. Auf dem Grundkreis trägt man nun die Grade in richtiger Orientierung auf, also von N (0°) — E (90°) — S (180°) usw. Mittels eines rechten Winkels kann nun von jeder Stelle sofort das Streichen angegeben werden, wie dies früher gezeigt wurde. Um sich auch vom Fallen gleich ein genaues Bild zu machen, nimmt man ein Oleat, welches in Form konzentrischer Kreise mit Abständen entsprechend den Poldistanzen des Netzes versehen ist. Dies kann auf die fertige Zeichnung gelegt werden und man kann dann sofort den Betrag des Fallens ermitteln.

Es mag jetzt eine kurze Besprechung an Hand zweier solcher Kluftbilder vorgenommen werden. Zunächst Abb. 8, welche eine Klüfteprojektion aus dem Granitmassiv des Melibocus zeigt. Zugrunde liegen 560 Messungen, die sich auf drei Steinbrüche im zentralen Teile des Massives verteilen. Betrachtet seien zunächst die Maxima im NW- und SE-Quadranten, wo die Belegungsdichte bis gegen 70 ‰ steigt. Die Klüfte beider Maxima besitzen fast gleiches Streichen, nämlich rund 10°. Das Fallen beträgt bei dem ersten etwa 65° nach SE, beim zweiten 65—70 ° gegen NW. Nun sieht man, daß es sich hier durchaus nicht um ein Kluftsystem handelt, dessen Fallen um 90° pendelt, denn von den Maxima fällt die Belegungsdichte scharf gegen den Grundkreis ab. Hätte man diese Klüfte wie üblich in einer Kluftrose aufgetragen und das Fallen nicht berücksichtigt, so würde in der Kluftrose ein Maximum um 20 ° Streichen entstehen. Man hätte also ein völlig falsches Bild erhalten. Doch wäre es völlig verfrüht, jetzt schon derartige Erscheinungen zu diskutieren, um so mehr, als dazu noch andere tektonische Elemente, die hier wegblieben, hinzugenommen werden müßten.[1]) Und lediglich nur ein Kluftdiagramm zur Grundlage für mechanische Deutungen machen zu wollen, würde ebenso verfehlt sein, wie aus einer Kluftrose

[1]) Dies soll an anderen Beispielen geschehen.

eines stärker zerklüfteten Gebietes MOHRsche Flächen, LÜDERSsche Flächen usw. herauszulesen, was mit etwas gutem Willen meist nicht schwer ist.

Abb. 9 zeigt ein Kluftdiagramm eines Quarzporphyrschlotes des Wachenberges bei Weinheim a. d. Bergstraße. Die Messungen — 570 Klüfte — verdanke ich der Freundlichkeit von Frl. Dr. VOELCKER, welche dieses Gebiet für ihre Dissertation bearbeitete. Sehr deutlich tritt ein Hauptmaximum hervor, dessen Streichen etwa 10^0 (korr.) beträgt. Es ist dies eine junge Störungsphase. Sie bewirkt eine saiger stehende Klüftung. Solche Verhältnisse hätten sich natürlich auch in einer Kluftrose darstellen lassen — hier ist ja nur ein System entwickelt —. Die kleineren Anhäufungen, welche noch auf dem Bilde zu sehen sind, gehören z. T. Absonderungsformen an.

Diese Darstellung gibt, wie gezeigt wurde, mehr als bisher die Möglichkeit, viele tektonische Elemente zu erfassen. Auf der anderen Seite macht sie allerdings zur Voraussetzung, daß viele Messungen vorliegen. Dies soll nicht heißen, daß nun wahllos alles gemessen wird, was zu erreichen ist, um lediglich eine große Anzahl von Messungen zu erhalten. Es muß auch gewertet werden, wie und in welcher Form, hängt vom Material und von der Fragestellung der Arbeit ab.

Literaturverzeichnis.

1896a. BLAAS, J.: Über eine neue Methode der Bezeichnung und Darstellung geologischer Ebenen. Z. f. prakt. Geol.

1896b. BLAAS, J.: Über die Lage der Schnittlinie von Terrainflächen und geologischen Ebenen. Jahrb. d. k. k. geol. Reichsanst.

1904. BLAAS, J.: Der Klinokompaß. Jahrb. d. k. k. geol. Reichsanst.

1913. SPITZ, W.: Versuch eines Schemas zur Darstellung von Kluft- und Harnischbeobachtungen. Mitt. d. oberrhein. geol. Ver.

1911. SALOMON, W.: Die Bedeutung der Messung und Kartierung von gemeinen Klüften und Harnischen mit besonderer Berücksichtigung des Rheintalgrabens. Z. d. d. geol. Ges.

1917. SEITZ, O.: Über die Tektonik der Luganer Alpen. Verh. d. naturhist. med. Ver. zu Heidelberg.

1924. SEITZ, O.: Das WULFFsche Netz als Hilfsmittel tektonischer Untersuchungen. „Glückauf" Nr. 19.

1925. SCHMIDT, W.: Gefügestatistik. TSCHERMAKS min. u. petr. Mitt.

1926. BUBNOFF, H. v.: Studien im südwestdeutschen Grundgebirge I. N. I. f. Min. Beilageband LV Abtlg. B.

1926. SANDER, B.: Zur petrographisch-tektonischen Analyse. III. Teil. Jb. d. Geol. Bundesanstalt. Bd. 76, Heft 3/4.

1926. SCHMIDT, W.: Gefügesymetrie und Tektonik. Jb. d. geol. Bundesanstalt. Bd. 76.

1927. WAAGEN, L.: Zur Mechanik der Brüche und Verwerfungen. Z. f. prakt. Geol.

MIX
Papier | Fördert gute Waldnutzung
FSC® C083411

Zeitfracht Medien GmbH
Ferdinand-Jühlke-Straße 7
99095 Erfurt, Deutschland
produktsicherheit@kolibri360.de